⚡ „Einmaleins/Einfache Plusaufgaben“

1

·	2	8	
3	6	24	30
7	14	56	70
			100

·	6	4	
3	18	12	
7	42		

·	9	1	
3			
7			

2

·	6	4	
8			
2			

·	9	1	
8			
2			

·	2	8	
8			
2			

3

·	4	6	
1			
9			

·	5	5	
1			
9			

·	9	1	
1			
9			

4

·	6	4	
6			
4			

·	9	1	
6			
4			

·	5	5	
6			
4			

5

·	2	8	
5			
5			

·	7	3	
3			
7			

·	3	7	
5			
5			

6

·	8	2	
10	80	20	100

·	7	3	
10			

·	6	4	
10			

1–6 Zunächst in den Tabellen (Malkreuze) vier bzw. zwei Aufgaben des Einmaleins rechnen. Zur Kontrolle Zeilensummen berechnen. Dies müssen ganze Zehner sein, die sich zu 100 ergänzen.

„Zehner-Einmaleins/Einfache Plusaufgaben“

1

·	40	60	
3	120	180	300
7	280	420	700
			1 000

·	60	40	
2	120	80	200
8			

·	40	60	
1			
9			

2

·	30	70	
8			
2			

·	30	70	
1			
9			

·	70	30	
4			
6			

3

·	80	20	
3			
7			

·	20	80	
4			
6			

·	20	80	
9			
1			

4

·	10	90	
4			
6			

·	90	10	
2			
8			

·	10	90	
3			
7			

5

·	40	60	
4			
6			

·	30	70	
3			
7			

·	80	20	
8			
2			

6

·	90	10	
9			
1			

·	30	70	
5			
5			

·	50	50	
2			
8			

1–6 Zunächst in den Tabellen (Malkreuze) vier Aufgaben des Zehner-Einmaleins rechnen. Zur Kontrolle Zeilensummen berechnen. Dies müssen ganze Hunderter sein, die sich zu 1000 ergänzen.

„Einspluseins/Einfache Plusaufgaben“

1

+	2	8	
3	5	11	16
7	9	15	24
			40

+	6	4	
3	9	7	16
7			

+	9	1	
3			
7			

2

+	6	4	
8	14	12	26
2	8	6	14

+	9	1	
8			
2			

+	2	8	
8			
2			

3

+	4	6	
1			
9			

+	5	5	
1			
9			

+	9	1	
1			
9			

4

+	6	4	
6			
4			

+	9	1	
6			
4			

+	5	5	
6			
4			

5

+	2	8	
5			
5			

+	7	3	
7			
3			

+	3	7	
5			
5			

6

+	8	2	
10	18	12	30

+	7	3	
10			

+	6	4	
10			

1–6 Zunächst in den Tabellen (Pluskreuze) vier bzw. zwei Aufgaben des Einspluseins rechnen. Zur Kontrolle Zeilensummen berechnen. Diese ergänzen sich bei **1–5** immer zu 40. Bei **6** ergeben sich Zehnerzahlen.

„Einfache Plusaufgaben“

1

+	70	30	
40	110	70	180
10	80	40	120
			300

+	50	30	
50			
20			

+	60	20	
40			
30			

2

+	40	60	
30	70	90	
70			

+	40	60	
20			
80			

+	40	60	
10			
90			

3

+	80	20	
30			
70			

+	20	80	
40			
60			

+	20	80	
90			
10			

4

+	10	90	
40			
60			

+	90	10	
20			
80			

+	10	90	
30			
70			

5

+	40	60	
40			
60			

+	30	70	
30			
70			

+	10	90	
10			
90			

6

+	100	20	
100			
30			

+	90	70	
50			
40			

+	80	60	
70			
40			

1–6 Zunächst in den Tabellen (Pluskreuze) vier Aufgaben des Zehner-Einspluseins rechnen. Zur Kontrolle die Zeilensummen berechnen und addieren. Diese ergänzen sich immer zu ganzen Hunderten.

„Zehner-Einmaleins umgekehrt“

1

40 : 20 = ...	360 : 60 = ...
90 : 30 = ...	250 : 50 = ...
10 : 10 = ...	490 : 70 = ...
1000 : 100 = ...	160 : 40 = ...
640 : 80 = ...	810 : 90 = ...

2

630 : 70 = ...	150 : 30 = ...
900 : 90 = ...	400 : 100 = ...
100 : 50 = ...	80 : 80 = ...
180 : 60 = ...	210 : 30 = ...
120 : 20 = ...	480 : 60 = ...

3

240 : 80 = ...	280 : 40 = ...
100 : 100 = ...	280 : 70 = ...
180 : 20 = ...	300 : 50 = ...
300 : 60 = ...	240 : 30 = ...
100 : 10 = ...	180 : 90 = ...

4

480 : 80 = ...	270 : 90 = ...
20 : 10 = ...	140 : 20 = ...
500 : 100 = ...	40 : 40 = ...
80 : 20 = ...	700 : 70 = ...
560 : 70 = ...	900 : 100 = ...

5

300 : 30 = ...	120 : 60 = ...
540 : 60 = ...	300 : 100 = ...
400 : 50 = ...	120 : 30 = ...
420 : 60 = ...	350 : 70 = ...
50 : 50 = ...	180 : 30 = ...

6

240 : 40 = ...	100 : 20 = ...
70 : 10 = ...	40 : 10 = ...
720 : 90 = ...	150 : 50 = ...
600 : 60 = ...	30 : 30 = ...
720 : 80 = ...	140 : 70 = ...

7

100 : 50 = ...	60 : 20 = ...
70 : 70 = ...	240 : 60 = ...
300 : 30 = ...	540 : 90 = ...
90 : 10 = ...	700 : 100 = ...
320 : 40 = ...	400 : 80 = ...

8

800 : 80 = ...	360 : 90 = ...
60 : 30 = ...	50 : 10 = ...
800 : 100 = ...	420 : 70 = ...
350 : 50 = ...	450 : 50 = ...
120 : 40 = ...	20 : 20 = ...

9

60 : 60 = ...	200 : 100 = ...
30 : 10 = ...	200 : 50 = ...
270 : 30 = ...	560 : 80 = ...
400 : 40 = ...	600 : 100 = ...
160 : 20 = ...	450 : 90 = ...

10

80 : 40 = ...	200 : 40 = ...
210 : 70 = ...	90 : 90 = ...
320 : 80 = ...	360 : 40 = ...
500 : 50 = ...	80 : 10 = ...
60 : 10 = ...	630 : 90 = ...

1–10 Kontrolle: Bei den zehn Ergebnissen jeder Aufgabe kommen immer genau die zehn Zahlen von 1 bis 10 in verschiedener Reihenfolge vor.

„Zahlen zeigen und nennen“

Trage in die Stellentafel ein und zerlege in volle Tausender und Einer.

1

Zahl	ZT	T	H	Z	E	Zerlegung	
40 080	4	0	0	8	0	40 T + 80 E	40 000 + 80
4 800		4	8	0	0	4 T + 800 E	4 000 + 800
40 008							
40 800							
4 080							
4 008							

2

Zahl	ZT	T	H	Z	E	Zerlegung	
16 061	1	6	0	6	1	16 T + 61 E	
61 610							
61 601							
16 016							
1 616							
6 161							

3

Zahl	ZT	T	H	Z	E	Zerlegung	
74 109							
90 741							
71 490							
14 709							
41 079							
7 419							

4

Zahl	ZT	T	H	Z	E	Zerlegung	
27 072							
72 720							
7 272							
2 727							
70 272							
7 270							

Zahlen in Stellentafel eintragen und anschließend zerlegen.

„Zahlen zeigen und nennen“

Trage in die Stellentafel ein und zerlege in volle Tausender und Einer.

1

Zahl	HT	ZT	T	H	Z	E	Zerlegung	
601 016	6	0	1	0	1	6	601 T + 16 E	601 000 + 16
61 160								
60 610								
160 061								
16 016								
610 061								

2

Zahl	HT	ZT	T	H	Z	E	Zerlegung	
709 405								
70 905								
790 045								
79 540								
7 979								
97 709								

3

Zahl	HT	ZT	T	H	Z	E	Zerlegung	
272 727								
727 272								
702 207								
270 027								
72 072								
207 702								

4

Zahl	HT	ZT	T	H	Z	E	Zerlegung	
123 456								
12 345								
1 234								
102 304								
120 340								
21 045								

⚡ „Ergänzen bis 1 Million“

1

10
1 + 9
3 +
5 +
7 +
9 +

100
10 + 90
30 +
50 +
70 +
90 +

1000
100 + 900
300 +
500 +
700 +
900 +

1 000 000
100 000 + 900 000
300 000 +
500 000 +
700 000 +
900 000 +

2

100
84 +
78 +
45 +
22 +
16 +
55 +

1000
840 +
780 +
450 +
220 +
160 +
550 +

1 000 000
840 000 +
780 000 +
450 000 +
220 000 +
160 000 +
550 000 +

3

1000			
	100		
100	68	32	600

1 000 000			
100 000	68 000	32 000	600 000

4

	100		
300	63	37	400

300 000	63 000	37 000	400 000

5

1000
517 + 483
952 +
766 +
483 +
234 +
48 +

1 000 000
517 T + 483 T
952 T +
766 T +
483 T +
234 T +
48 T +

1000
719 +
323 +
191 +
677 +
281 +
809 +

1 000 000
719 000 +
323 000 +
191 000 +
677 000 +
281 000 +
809 000 +

Die Aufgaben stützen sich gegenseitig. Kontrolle: Bei allen ausgerechneten Zahlenhäusern kommt jede Zahl doppelt vor.

„Ergänzen bis 1 Million“

1

100
89 +
78 +
67 +
56 +
45 +
34 +
23 +

1000
+ 110
+ 220
+ 330
+ 440
+ 550
+ 660
+ 770

1 000 000
890 000 +
780 000 +
670 000 +
560 000 +
+ 550 000
+ 660 000
+ 770 000

2

100
83 +
74 +
65 +
56 +
47 +
38 +

1000
830 +
740 +
650 +
560 +
470 +
380 +

1 000 000
830 000 +
740 000 +
650 000 +
560 000 +
470 000 +
380 000 +

3

1000
876 +
765 +
654 +
543 +
432 +
321 +

1 000 000
876 T + T
765 T + T
654 T + T
543 T + T
432 T + T
321 T + T

1 000 000
876 000 +
765 000 +
654 000 +
543 000 +
432 000 +
321 000 +

4

1000
+ 223
+ 334
+ 445
+ 556
+ 667
+ 778

1 000 000
+ 223 T
+ 334 T
+ 445 T
+ 556 T
+ 667 T
+ 778 T

1 000 000
+ 223 000
+ 334 000
+ 445 000
+ 556 000
+ 667 000
+ 778 000

1–4 Kontrolle: Schöne Päckchen mit Mustern.

„Stufenzahlen teilen“

1

10 : 2 = 5
10 000 : 2 = 5 000

10 : 5 = 2
10 000 : 5 = ……

10 : 10 = 1
10 000 : 10 = ……

2

100 : 2 = 50
100 000 : 2 = ……

100 : 5 = ……
100 000 : 5 = ……

100 : 10 = ……
100 000 : 10 = ……

100 : 4 = ……
100 000 : 4 = ……

100 : 100 = ……
100 000 : 100 = ……

3

1 000 : 2 = 500
100 000 : 2 = ……

1 000 : 4 = ……
1 000 000 : 4 = ……

1 000 : 5 = ……
1 000 000 : 5 = ……

1 000 : 10 = ……
1 000 000 : 10 = ……

1 000 : 100 = ……
1 000 000 : 100 = ……

1 000 : 1 000 = ……
1 000 000 : 1 000 = ……

4

10 : 2 = 5
100 : 2 = ……
1 000 : 2 = ……
10 000 : 2 = ……
100 000 : 2 = ……
1 000 000 : 2 = ……

5

10 : 5 = 2
100 : 5 = ……
1 000 : 5 = ……
10 000 : 5 = ……
100 000 : 5 = ……
1 000 000 : 5 = ……

6

10 : 10 = 1
100 : 10 = ……
1 000 : 10 = ……
10 000 : 10 = ……
100 000 : 10 = ……
1 000 000 : 10 = 100 000

7

100 : 4 = ……
1 000 : 4 = ……
10 000 : 4 = ……
100 000 : 4 = ……
1 000 000 : 4 = ……

Die Aufgaben stützen sich gegenseitig.

„Subtraktion von Stufenzahlen“

1

1 000 − 1 = ...	1 000 − 2 = ...	1 000 − 3 = ...
1 000 − 10 = ...	1 000 − 20 = ...	1 000 − 30 = ...
1 000 − 100 = ...	1 000 − 200 = ...	1 000 − 300 = ...
1 000 − 4 = ...	1 000 − 5 = ...	1 000 − 6 = ...
1 000 − 40 = ...	1 000 − 50 = ...	1 000 − 60 = ...
1 000 − 400 = ...	1 000 − 500 = ...	1 000 − 600 = ...

2

3 000 − 1 = ...	3 000 − 2 = ...	3 000 − 3 = ...
3 000 − 10 = ...	3 000 − 20 = ...	3 000 − 30 = ...
3 000 − 100 = ...	3 000 − 200 = ...	3 000 − 300 = ...
3 000 − 1 000 = ...	3 000 − 2 000 = ...	3 000 − 3 000 = ...

3

9 760 − 1 = ...	9 760 − 2 = ...	9 760 − 3 = ...
9 760 − 10 = ...	9 760 − 20 = ...	9 760 − 30 = ...
9 760 − 100 = ...	9 760 − 200 = ...	9 760 − 300 = ...
9 760 − 1 000 = ...	9 760 − 2 000 = ...	9 760 − 3 000 = ...
9 760 − 4 = ...	9 760 − 5 = ...	9 760 − 6 = ...
9 760 − 40 = ...	9 760 − 50 = ...	9 760 − 60 = ...
9 760 − 400 = ...	9 760 − 500 = ...	9 760 − 600 = ...
9 760 − 4 000 = ...	9 760 − 5 000 = ...	9 760 − 6 000 = ...

4

1 000 − 1 = ...	890 − 2 = ...	780 − 3 = ...
1 009 − 10 = ...	908 − 20 = ...	807 − 30 = ...
1 099 − 100 = ...	1 088 − 200 = ...	1 077 − 300 = ...
1 999 − 1 000 = ...	2 888 − 2 000 = ...	3 777 − 3 000 = ...

5

10 000 − 1 = ...	10 000 − 2 = ...	10 000 − 3 = ...
10 000 − 10 = ...	10 000 − 20 = ...	10 000 − 30 = ...
10 000 − 100 = ...	10 000 − 200 = ...	10 000 − 300 = ...
10 000 − 1 000 = ...	10 000 − 2 000 = ...	10 000 − 3 000 = ...

1–5 Die Aufgaben stützen sich gegenseitig. **4, 5** Muster bei den Ergebniszahlen.

„Subtraktion von Stufenzahlen“

1

Start								Ziel
10 000	− 1 000 →	9 000	− 100 →	8 900	− 10 →	8 890	− 2 →	8 888
10 000	− 2 000 →	8 000	− 200 →	………	− 20 →	………	− 3 →	………
10 000	− 3 000 →	………	− 300 →	………	− 30 →	………	− 4 →	………
10 000	− 4 000 →	………	− 400 →	………	− 40 →	………	− 5 →	………
10 000	− 5 000 →	………	− 500 →	………	− 50 →	………	− 6 →	………

2

Start								Ziel
10 000	− 1 →	9 999	− 10 →	9 989	− 100 →	………	− 1 000 →	………
10 000	− 10 →	9 990	− 100 →	………	− 1 000 →	………	− 1 →	………
10 000	− 100 →	………	− 1 000 →	………	− 1 →	………	− 10 →	………
10 000	− 1 000 →	………	− 1 →	………	− 10 →	………	− 100 →	………
10 000	− 10 →	………	− 100 →	………	− 1 →	………	− 1 000 →	………

3

Start								Ziel
11 110	− 1 →	………	− 10 →	………	− 100 →	………	− 1 000 →	………
11 110	− 2 →	………	− 20 →	………	− 200 →	………	− 2 000 →	………
11 110	− 3 →	………	− 30 →	………	− 300 →	………	− 3 000 →	………
11 110	− 4 →	………	− 40 →	………	− 400 →	………	− 4 000 →	………
11 110	− 5 →	………	− 50 →	………	− 500 →	………	− 5 000 →	………

4

Start								Ziel
11 110	− 100 →	………	− 10 →	………	− 1 →	………	− 1 000 →	………
11 110	− 200 →	………	− 20 →	………	− 2 →	………	− 2 000 →	………
11 110	− 300 →	………	− 30 →	………	− 3 →	………	− 3 000 →	………
11 110	− 400 →	………	− 40 →	………	− 4 →	………	− 4 000 →	………
11 110	− 500 →	………	− 50 →	………	− 5 →	………	− 5 000 →	………

1–4 Kontrolle: Muster bei den Zielzahlen.

„Subtraktion von Stufenzahlen“

1

Start								Ziel
20 000	– 10 →	19 990	– 100 →	19 890	– 1 000 →	18 890	– 10 000 →	8 890
30 000	– 20 →	29 980	– 200 →	29 780	– 2 000 →		– 20 000 →	
40 000	– 30 →		– 300 →		– 3 000 →		– 30 000 →	
50 000	– 40 →		– 400 →		– 4 000 →		– 40 000 →	
60 000	– 50 →		– 500 →		– 5 000 →		– 50 000 →	

2

Start								Ziel
20 000	– 10 000 →		– 10 →		– 100 →		– 1 000 →	
20 000	– 10 →		– 100 →		– 1 000 →		– 10 000 →	
20 000	– 100 →		– 1000 →		– 10 000 →		– 10 →	
20 000	– 1 000 →		– 10 000 →		– 10 →		– 100 →	
20 000	– 100 →		– 10 →		– 10 000 →		– 1 000 →	

3

Start								Ziel
90 000	– 10 000 →		– 1 000 →		– 100 →		– 10 →	
90 000	– 20 000 →		– 2 000 →		– 200 →		– 20 →	
90 000	– 30 000 →		– 3 000 →		– 300 →		– 30 →	
90 000	– 40 000 →		– 4 000 →		– 400 →		– 40 →	
90 000	– 50 000 →		– 5 000 →		– 500 →		– 50 →	

4

Start								Ziel
23 450	– 10 →		– 100 →		– 1 000 →		– 10 000 →	
34 560	– 20 →		– 200 →		– 2 000 →		– 20 000 →	
45 670	– 30 →		– 300 →		– 3 000 →		– 30 000 →	
56 780	– 40 →		– 400 →		– 4 000 →		– 40 000 →	
67 890	– 50 →		– 500 →		– 5 000 →		– 50 000 →	

1–4 Kontrolle: Muster bei den Zielzahlen.

⚡ „Zahlen lesen und schreiben“

Lies die Zahlen und trage sie in die Stellentafel ein.

	M	HT	ZT	T	H	Z	E	
siebenhundertneuntausend vierhundertfünf		7	0	9	4	0	5	709 405
siebzigtausend einhundertfünf								
siebenhundertneunzigtausend fünfundvierzig								
neunundsiebzigtausend fünfhundertvierzig								
siebentausend neunhundertneunundsiebzig								
siebenundneunzigtausend siebenhundertneun								
einhundertdreiundzwanzigtausend vierhundertfünfundsechzig								
zwölftausend dreihundertfünfundvierzig								
einhundertzweitausend dreihundertvier								
achthundertvierundsechzigtausend siebenhundertsechsundvierzig								
einhundertzwanzigtausend dreihundertvierzig								
einundzwanzigtausend fünfundvierzig								
einhundertzweiunddreißigtausend dreiundvierzig								
einhundertdreizehntausend zweihundertdreißig								
zweihundertdreißigtausend einhundertdreizehn								

⚡ „Zahlen lesen und schreiben"

Lies die Zahlen und trage sie in die Stellentafel ein.

	M	HT	ZT	T	H	Z	E	
vierhunderttausend siebenhundertvierzig		4	0	0	7	4	0	400 740
sechshundertdreißigtausend dreihundertzehn								
einhundertachtzehntausend vierhundertdreiundsechzig								
neunhundertdreiundzwanzigtausend sechshundertfünfundzwanzig								
siebenhundertsiebentausend zweihundertelf								
dreiunddreißigtausend vierundsiebzig								
eine Million fünfhundertdreizehntausend zweihundertneunzehn								
sechsundsechzigtausend achthundertachtundachtzig								
sechsundfünfzigtausend vierhundertzweiunddreißig								
vierhundertfünftausend einhundertzweiundzwanzig								
achthundertvierundsechzigtausend siebenhundertsechsundvierzig								
dreihundertsiebenundzwanzigtausend neun								
achttausend siebenhundertvierundvierzig								
zweiundzwanzigtausend dreizehn								
neunzigtausend siebenundachtzig								

⚡ „Zählen in Schritten“

1 Zähle in 10er-Schritten.

T	H	Z	E
	8	7	6
	8	8	6
1	0	1	6

ZT	T	H	Z	E
	9	8	9	1
	9	9	0	1
1	0	0	3	1

HT	ZT	T	H	Z	E
	9	9	8	8	7
	9	9	8	9	7
1	0	0	0	2	7

2 Zähle in 100er-Schritten.

ZT	T	H	Z	E
	5	6	7	8
	5	7	7	8
	7	0	7	8

ZT	T	H	Z	E
	8	7	6	5
	8	8	6	5
1	0	1	6	5

HT	ZT	T	H	Z	E
	9	8	6	2	7
	9	8	7	2	7
1	0	0	0	2	7

1, 2 Kontrolle: Zu erreichende Endzahl vorgegeben.

„Zählen in Schritten“

1 Zähle in 1 000er-Schritten.

ZT	T	H	Z	E
	6	4	8	9
	7	4	8	9
2	0	4	8	9

HT	ZT	T	H	Z	E
	8	9	2	3	2
	9	0	2	3	2
1	0	3	2	3	2

M	HT	ZT	T	H	Z	E
	9	9	3	5	5	4
	9	9	4	4	5	4
1	0	0	7	5	5	4

2 Zähle in 10 000er-Schritten.

HT	ZT	T	H	Z	E
		1	0	8	9
	1	1	0	8	9
1	0	1	0	8	9
1	4	1	0	8	9

HT	ZT	T	H	Z	E
	6	2	4	8	9
	7	2	4	8	9
2	0	2	4	8	9

M	HT	ZT	T	H	Z	E
	9	4	9	1	0	9
	9	5	9	1	0	9
1	0	8	9	1	0	9

1, 2 Kontrolle: Die zu erreichenden Endzahlen sind vorgegeben.

⚡ „Zählen in Schritten“

1 In 10 Schritten bis 100 T = 100 000.

10, 20, 30, 40, 50, 60, 70, 80, 90, 100

10 T, ……, ……, ……, 50 T, ……, ……, ……, ……, 100 T

10 000, ……, ……, ……, 50 000, ……, ……, ……, ……, 100 000

2 In 10 Schritten bis 1 000 T = 1 Million.

100, 200, 300, 400, 500, 600, 700, 800, 900, 1 000

100 T, ……, ……, ……, 500 T, ……, ……, ……, ……, 1 000 T

3 In 5 Schritten bis 10 T = 10 000.

2, 4, 6, 8, 10

2 T, 4 T, ……, ……, 10 T

2 000, ……, ……, ……, 10 000

4 In 5 Schritten bis 100 T = 100 000.

20, 40, 60, 80, 100

20 T, ……, ……, ……, 100 T

20 000, ……, ……, ……, 100 000

5 In 5 Schritten bis 1 000 T = 1 Million.

200, 400, 600, 800, 1 000

200 T, ……, ……, ……, 1 000 T

200 000, ……, ……, ……, 1 000 000

 Die Aufgaben stützen sich gegenseitig.

⚡ „Zählen in Schritten“

1 a) In 2 Schritten bis 100 T = 100 000.

50, **100**

.........................., 100 T

.........................., 100 000

b) In 2 Schritten bis 1 000 T = 1 Million.

500, **1 000**

.........................., 1 000 T

.........................., 1 000 000

2 In 4 Schritten bis 100 T = 100 000.

25, **50,** **75,** **100**

25 T, ..., ..., 100 T

25 000, ..., ..., ...

3 In 4 Schritten bis 1 000 und bis 1 000 T = 1 000 000.

250, **500,** **750,** **1 000**

250 T, ..., ..., ...

250 000, ..., ..., ...

4 In 4 Schritten bis 100: **25,** **50,** **75,** **100**

In 4 Schritten bis 1 000: ...., ..., ..., ...

In 4 Schritten bis 10 000: ...., ..., ..., ...

5 In 8 Schritten bis 1 000 T = 1 000 000.

125, **250,** **375,** **500,** **625,** **750,** **875,** **1 000**

125 T, ..., ..., ..., ..., ..., ..., 1 000 T

125 000, ..., ..., ..., ..., ..., ..., ...

⚡ „Einfache Additions- und Subtraktionsaufgaben“

Mit Hundertern rechnen wie mit Einern.

1

	a)	b)
oben	20	
Mitte	11 | 9	|
unten	9 | 2 | 7	12 | 2 | 4
oben	2000	
Mitte	1 100 | 900	|
unten	900 | 200 | 700	1 200 | 200 | 400

2

	a)	b)
oben	20	20
Mitte	8 | 12	11 |
unten	3 | 5 | 7	7 | |
oben	2 000	2 000
Mitte	800 | 1 200	1 100 |
unten	300 | 500 | 700	700 | |

3

|	|	|	|
400 | 300 | 800	100 | 800 | 200	0 | 900 | 200	300 | 400 | 1 000

4

|	|	|	|
300 | 500 | 600	1 000 | 400 | 200	400 | 600 | 500	300 | 700 | 500

5

|	|	|	|
500 | 600 | 800	300 | 700 | 900	800 | 900 | 100	1000 | 800 | 200

6

2 000	2 100	2 000	2 200
700 |	900 |	900 |	1 000 |
0 | |	400 | |	600 | |	700 | |

7

2 500	2 200	2 500	2 100
1 500 |	1 200 |	1 400 |	1 100 |
600 | |	400 | |	600 | |	500 | |

1–7 Kontrolle: Muster bei den markierten Steinen.

„Einfache Additionsaufgaben“

Mit Zehnern, Hundertern, Tausendern rechnen wie mit Einern.

1

- 8 / 3 | 5 / 1 | 2 | 3
- 10 | 20 | 30
- 100 | 200 | 300
- 1 000 | 2 000 | 3 000

2

- 2 | 3 | 4
- 20 | 30 | 40
- 200 | 300 | 400
- 2 000 | 3 000 | 4 000

3

- 3 | 4 | 5
- 30 | 40 | 50
- 300 | 400 | 500
- 3 000 | 4 000 | 5 000

4

- 4 | 5 | 6
- 40 | 50 | 60
- 400 | 500 | 600
- 4 000 | 5 000 | 6 000

5

- 1 | 2 | 3 | 4
- 10 | 20 | 30 | 40
- 100 | 200 | 300 | 400
- 1 000 | 2 000 | 3 000 | 4 000
- 10 000 | 20 000 | 30 000 | 40 000

1–5 Kontrolle: Muster bei den markierten Steinen.

ϟ „Einfache Subtraktionsaufgaben“

1

42 000	43 000	64 000
20 000 | 22 000	20 000 |	30 000 |
8 000 | 12 000 |	7 000 | |	6 000 | |

2

39 000	52 000	68 000
10 000 |	20 000 |	30 000 |
1 000 | |	8 000 | |	12 000 | |

3

44 000	67 000	73 000
10 000 |	20 000 |	30 000 |
6 000 | |	3 000 | |	17 000 | |

4

75 000	57 000	69 000
20 000 |	10 000 |	19 000 |
5 000 | |	3 000 | |	9 000 | |

5

63 000	74 000	69 000
10 000 |	14 000 |	13 000 |
7 000 | |	4 000 | |	7 000 | |

6

78 000	85 000	91 000
10 000 |	15 000 |	20 000 |
2 000 | |	5 000 | |	9 000 | |

7

100 000	90 000	85 000
25 000 |	15 000 |	9 000 |
20 000 | |	10 000 | |	3 000 | |

1–7 Kontrolle: Muster bei den markierten Steinen.

„Verdoppeln und Halbieren“

1

400	400	400
400	500	400
500	500	500
500	600	500
600	600	600
600	700	600
700	700	700
700	800	700

2

600	1 000	600
600	1 500	600
600	2 000	600
600	2 500	600
600	3 000	600
600	3 500	600
600	4 000	600
600	4 500	600

3

5 000	3 000	5 000
5 000	4 000	5 000
5 000	5 000	5 000
5 000	6 000	5 000
5 000	7 000	5 000
5 000	8 000	5 000
5 000	9 000	5 000
5 000	10 000	5 000

1–3 Kontrolle: Muster bei den markierten Steinen.

⚡ „Einfache Additionsaufgaben“

Immer (+ 200)

Immer (+ 300)

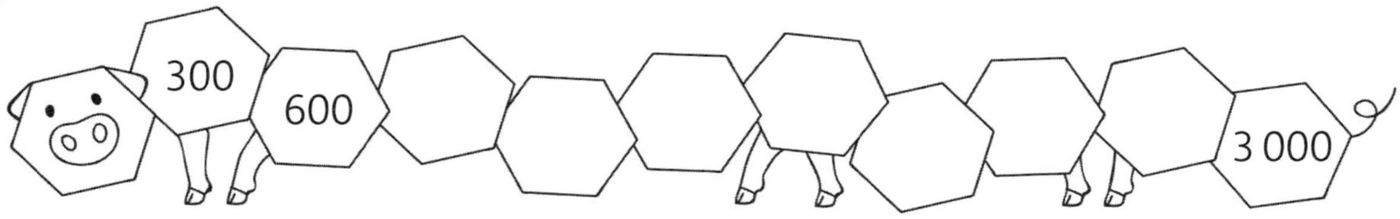

Immer (+ 400)

Immer (+ 500)

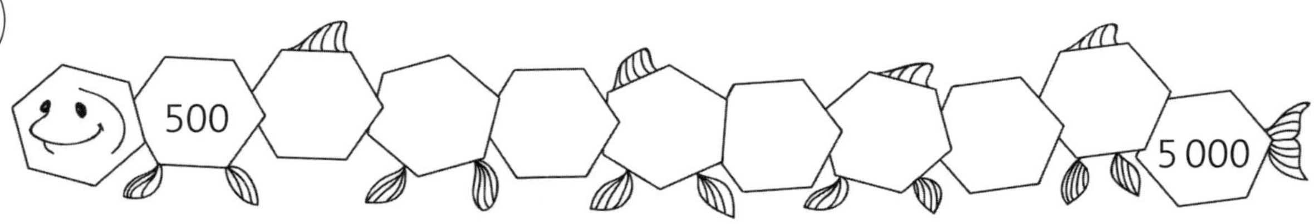

Immer (+ 600)

Immer (+ 700)

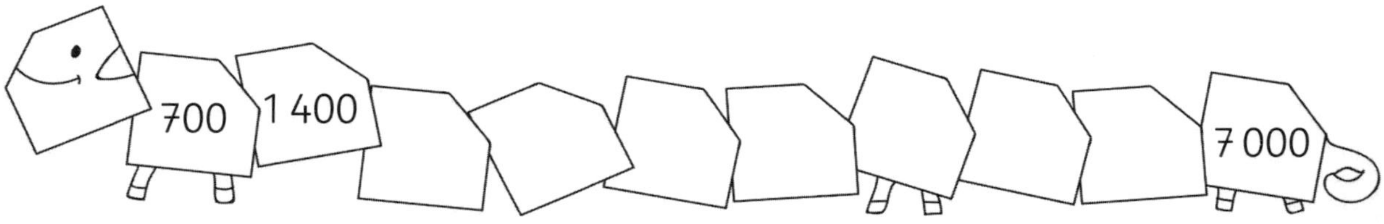

Immer (+ 800)

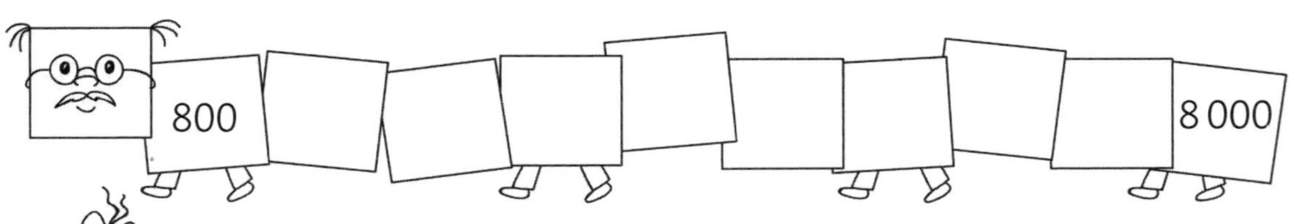

Immer (+ 900)

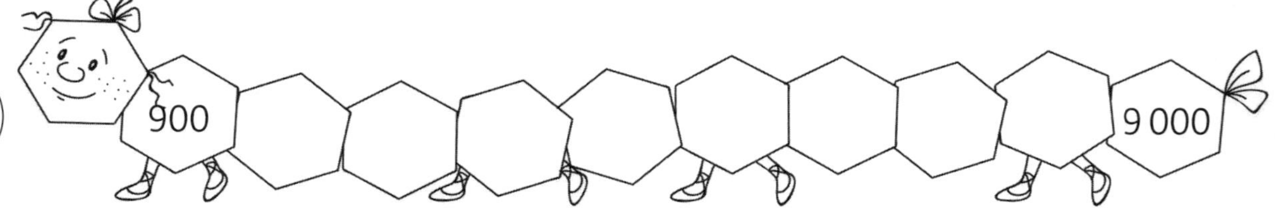

 Vorübung für das Hunderter-Einmaleins. Kontrolle: Letztes Glied ist vorgegeben und muss erreicht werden.

„Einfache Additionsaufgaben“

Immer + 2 T

Immer + 3 T

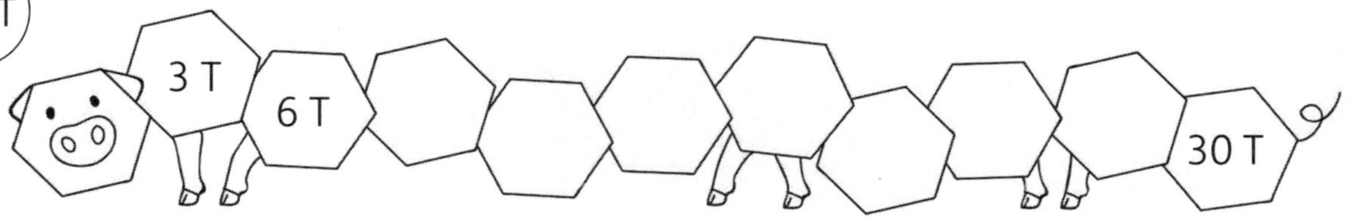

Immer + 4 T

Immer + 5 T

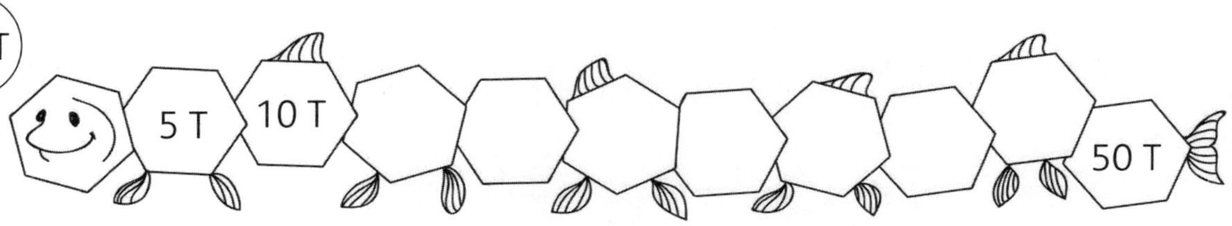

Immer + 6 T

Immer + 7 T

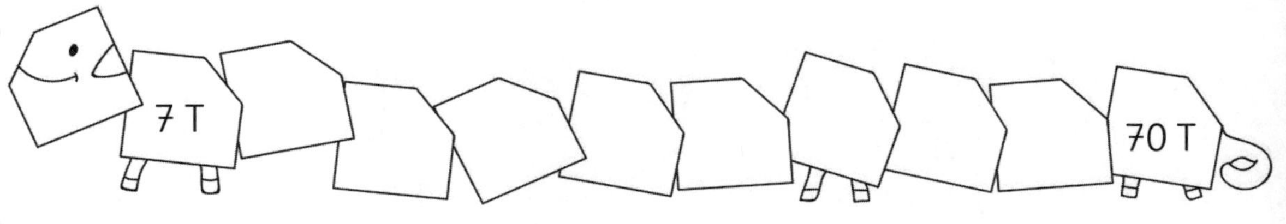

Immer + 8 T

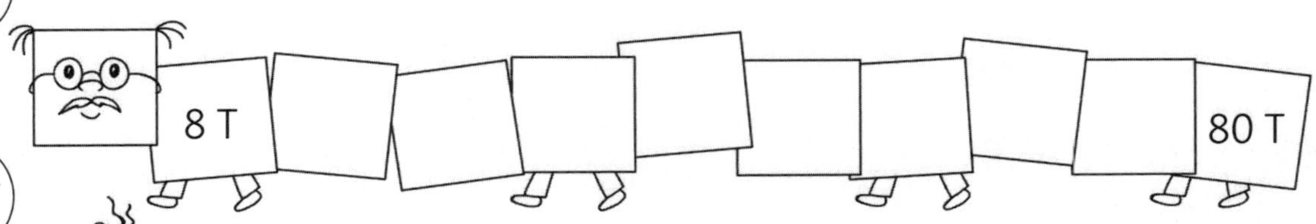

Immer + 9 T

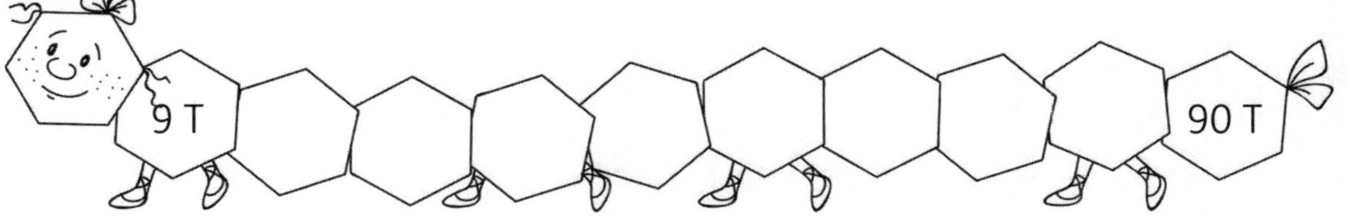

Kontrolle: Letztes Glied ist vorgegeben und muss erreicht werden.

„Einfache Additionsaufgaben"

1

14 000 + 8 000 = ...
25 000 + 8 000 = ...
36 000 + 8 000 = ...
47 000 + 8 000 = ...
58 000 + 8 000 = ...

2

34 000 + 10 000 = ...
35 000 + 20 000 = ...
36 000 + 30 000 = ...
37 000 + 40 000 = ...
38 000 + 50 000 = ...

3

1 000 + 10 000 = ...
12 000 + 21 000 = ...
23 000 + 32 000 = ...
34 000 + 43 000 = ...
45 000 + 54 000 = ...

4

14 000 + 4 000 = ...
14 000 + 5 000 = ...
14 000 + 6 000 = ...
14 000 + 7 000 = ...
14 000 + 8 000 = ...

5

90 000 + 7 000 = ...
90 000 + 700 = ...
90 000 + 70 = ...
90 000 + 7 = ...

6

9 000 + 7 000 = ...
9 000 + 700 = ...
9 000 + 70 = ...
9 000 + 7 = ...

7

9 + 7 = ...
90 + 70 = ...
900 + 700 = ...
9 000 + 7 000 = ...
90 000 + 70 000 = ...

8

6 + 4 = ...
60 + 40 = ...
600 + 400 = ...
6 000 + 4 000 = ...
60 000 + 40 000 = ...

9

1 500 + 4 000 = ...
1 600 + 5 000 = ...
1 700 + 6 000 = ...
1 800 + 7 000 = ...
1 900 + 8 000 = ...

10

12 000 + 9 000 = ...
23 000 + 9 000 = ...
34 000 + 9 000 = ...
45 000 + 9 000 = ...
56 000 + 9 000 = ...

1–10 Kontrolle durch schöne Muster bei den Ergebnissen.

„Einfache Subtraktionsaufgaben"

1

1 000 – 100 = ...
2 000 – 200 = ...
3 000 – 300 = ...
4 000 – 400 = ...
5 000 – 500 = ...

2

500 – 400 = ...
1 000 – 800 = ...
1 500 – 1 200 = ...
2 000 – 1 600 = ...
2 500 – 2 000 = ...

3

41 000 – 8 000 = ...
52 000 – 8 000 = ...
63 000 – 8 000 = ...
74 000 – 8 000 = ...
85 000 – 8 000 = ...

4

98 000 – 10 000 = ...
97 000 – 20 000 = ...
96 000 – 30 000 = ...
95 000 – 40 000 = ...
94 000 – 50 000 = ...

5

100 – 8 = ...
1 000 – 80 = ...
10 000 – 800 = ...
100 000 – 8 000 = ...
1 000 000 – 80 000 = ...

6

50 – 5 = ...
500 – 50 = ...
5 000 – 500 = ...
50 000 – 5 000 = ...
500 000 – 50 000 = ...

7

90 000 – 2 000 = ...
80 000 – 3 000 = ...
70 000 – 4 000 = ...
60 000 – 5 000 = ...
50 000 – 6 000 = ...

8

9 000 – 7 000 = ...
9 000 – 700 = ...
9 000 – 70 = ...
9 000 – 7 = ...
7 000 – 9 = ...

9

3 856 – 400 = ...
3 956 – 500 = ...
4 056 – 600 = ...
4 156 – 700 = ...
4 256 – 800 = ...

10

80 – 3 = ...
800 – 30 = ...
8 000 – 300 = ...
80 000 – 3 000 = ...
800 000 – 30 000 = ...

1–10 Kontrolle durch schöne Muster bei den Ergebnissen.

„Einfache Additionsaufgaben“

1

Start								Ziel
8 765	+ 1 →	8 766	+ 10 →	8 776	+ 100 →	8 876	+ 1 000 →	9 876
7 654	+ 2 →	7 656	+ 20 →		+ 200 →		+ 2 000 →	
6 543	+ 3 →		+ 30 →		+ 300 →		+ 3 000 →	
5 432	+ 4 →		+ 40 →		+ 400 →		+ 4 000 →	
4 321	+ 5 →		+ 50 →		+ 500 →		+ 5 000 →	

2

Start								Ziel
7 879	+ 2 →	7 881	+ 20 →	7 901	+ 200 →	8 101	+ 2 000 →	10 101
7 879	+ 20 →	7 899	+ 200 →		+ 2 000 →		+ 2 →	
7 879	+ 200 →		+ 2000 →		+ 2 →		+ 20 →	
7 879	+ 2 000 →		+ 2 →		+ 20 →		+ 200 →	
7 879	+ 20 →		+ 2000 →		+ 200 →		+ 2 →	

3

Start								Ziel
123	+ 2 000 →		+ 200 →		+ 20 →		+ 2 →	
1 234	+ 2 000 →		+ 200 →		+ 20 →		+ 2 →	
2 345	+ 2 000 →		+ 200 →		+ 20 →		+ 2 →	
3 456	+ 2 000 →		+ 200 →		+ 20 →		+ 2 →	
4 567	+ 2 000 →		+ 200 →		+ 20 →		+ 2 →	

4

Start								Ziel
432	+ 1 000 →		+ 100 →		+ 10 →		+ 1 →	
432	+ 2 000 →		+ 200 →		+ 20 →		+ 2 →	
432	+ 3 000 →		+ 300 →		+ 30 →		+ 3 →	
432	+ 4 000 →		+ 400 →		+ 40 →		+ 4 →	
432	+ 5 000 →		+ 500 →		+ 50 →		+ 5 →	

1–4 Kontrolle: Muster bei den Zielzahlen.

⚡ „Einfache Additionsaufgaben“

1

Start								Ziel
3 582	+ 10 000 →	13 582	+ 8 000 →	21 582	+ 600 →	22 182	+ 40 →	22 222
14 693	+ 10 000 →	....	+ 8 000 →	....	+ 600 →	....	+ 40 →	....
25 804	+ 10 000 →	....	+ 8 000 →	....	+ 600 →	....	+ 40 →	....
36 915	+ 10 000 →	....	+ 8 000 →	....	+ 600 →	....	+ 40 →	....
48 026	+ 10 000 →	....	+ 8 000 →	....	+ 600 →	....	+ 40 →	....

2

Start								Ziel
4 816	+ 10 000 →	14 816	+ 8 000 →	22 816	+ 600 →	23 416	+ 40 →	23 456
4 816	+ 8 000 →	....	+ 600 →	....	+ 40 →	....	+ 10 000 →	....
4 816	+ 600 →	....	+ 40 →	....	+ 10 000 →	....	+ 8 000 →	....
4 816	+ 40 →	....	+ 10 000 →	....	+ 8 000 →	....	+ 600 →	....
4 816	+ 8 000 →	....	+ 40 →	....	+ 10 000 →	....	+ 600 →	....

3

Start								Ziel
1 089	+ 8 000 →	....	+ 700 →	....	+ 10 →	....	+ 2 →	....
1 089	+ 7 000 →	....	+ 600 →	....	+ 20 →	....	+ 3 →	....
1 089	+ 6 000 →	....	+ 500 →	....	+ 30 →	....	+ 4 →	....
1 089	+ 5 000 →	....	+ 400 →	....	+ 40 →	....	+ 5 →	....
1 089	+ 4 000 →	....	+ 300 →	....	+ 50 →	....	+ 6 →	....

4

Start								Ziel
1 089	+ 8 000 →	....	+ 700 →	....	+ 10 →	....	+ 2 →	....
2 178	+ 6 000 →	....	+ 500 →	....	+ 30 →	....	+ 4 →	....
3 267	+ 4 000 →	....	+ 300 →	....	+ 50 →	....	+ 6 →	....
4 356	+ 2 000 →	....	+ 100 →	....	+ 70 →	....	+ 8 →	....
5 445	+ 0 →	....	– 100 →	....	+ 90 →	....	+ 10 →	....

1–4 Kontrolle: Muster bei den Zielzahlen.

⚡ „Einfache Additionsaufgaben“

1

+	100	300	
700	800	1 000	1 800
900	1 000	1 200	2 200
			4 000

+	400	800	
600	1 000		
200			

+	800	500	
500			
200			

+	700	100	
900			
300			

2

+	1 000	800	
2 000	3 000	2 800	5 800
1 200	2 200	2 000	

+	2 000	1 000	
1 300			
700			

+	900	1 500	
2 000			
600			

+	3 000	800	
700			
500			

3

+	4 000	500	
3 000			
2 500			

+	8 000	500	
1 000			
500			

+	2 000	3 000	
1 000			
4 000			

+	1 500	3 500	
500			
4 500			

1–3 Zunächst in den Tabellen (Pluskreuze) vier Plusaufgaben rechnen. Zur Kontrolle die Zeilensummen berechnen und addieren. In jeder Aufgabe ergeben sich Muster von glatten Tausender.

⚡ „Einfache Additions- und Subtraktionsaufgaben“

1

800 + 700 = 1 500	1 800 + 700 = ...	7 800 + 700 = ...
800 – 300 = 500	1 800 – 300 = ...	7 800 – 300 = ...
800 – 700 = ...	1 800 – 700 = ...	7 800 – 700 = ...
800 + 300 = ...	1 800 + 300 = ...	7 800 + 300 = ...

2

1 520 + 500 = ...	4 520 + 500 = ...	9 520 + 500 = ...
1 520 – 500 = ...	4 520 – 500 = ...	9 520 – 500 = ...
3 330 + 500 = ...	9 330 + 500 = ...	10 330 + 500 = ...
3 330 – 500 = ...	9 330 – 500 = ...	10 330 – 500 = ...

3

7 101 + 900 = ...	6 202 + 900 = ...	5 505 + 900 = ...
7 101 – 100 = ...	6 202 – 100 = ...	5 505 – 100 = ...
7 101 + 100 = ...	6 202 + 100 = ...	5 505 + 100 = ...
7 101 – 900 = ...	6 202 – 900 = ...	5 505 – 900 = ...

4

4 520 + 800 = ...	7 111 + 800 = ...	6 201 + 800 = ...
4 520 – 200 = ...	7 111 – 200 = ...	6 201 – 200 = ...
4 520 + 200 = ...	7 111 + 200 = ...	6 201 + 200 = ...
4 520 – 800 = ...	7 111 – 800 = ...	6 201 – 800 = ...

5

720 + 600 = ...	9 720 + 600 = ...	511 + 600 = ...
720 – 400 = ...	9 720 – 400 = ...	511 – 400 = ...
720 + 400 = ...	9 720 + 400 = ...	1 711 – 600 = ...
720 – 600 = ...	9 720 – 600 = ...	1 711 + 400 = ...

1–5 Kontrolle: Muster beim Vergleich der jeweils untereinander stehenden Ergebnisse der Plus- und Minusaufgaben.

ϟ „Stelleneinmaleins“

1

1 000
10 · 100
100 · 10
1 000 · 1

Umkehraufgabe

1 000 : 10 = 100
1 000 : 100 = ……
1 000 : 1 000 = ……

10 000
10 · 1 000
100 ·
1 000 ·

Umkehraufgabe

10 000 : 10 = 1 000
10 000 : 100 = ……
10 000 : 1 000 = ……

2

100 000
10 ·
100 · 1 000
1 000 ·
10 000 ·
100 000 ·

Umkehraufgabe

100 000 : 10 = ……
100 000 : 100 = 1 000
100 000 : 1 000 = ……
100 000 : 10 000 = ……
100 000 : 100 000 = ……

3

	Umkehraufgabe
10 · 10 = 100	100 : 10 = 10
10 · 100 = ……	……
10 · 1 000 = ……	……
10 · 10 000 = ……	……
10 · 100 000 = ……	……

4

	Umkehraufgabe
100 · 1 = 100	100 : 100 = 1
100 · 10 = 1 000	1 000 : 100 = 10
100 · 100 = ……	……
100 · 1 000 = ……	……
100 · 10 000 = ……	……

5

	Umkehraufgabe
1 000 · 1 = ……	……
1 000 · 10 = ……	……
1 000 · 100 = ……	……
1 000 · 1 000 = 1 000 000	1 000 000 : 1 000 = 1 000

 Die Aufgaben stützen sich gegenseitig.

ϟ „Einfache Multiplikationsaufgaben“

1

5	50	500	5 000	50 000
5 · 1	5 · 10	5 · 100	5 · 1 000	5 · 10 000

25				
5 · 5	5 · 50	5 · 500	5 · 5 000	5 · 50 000

2

2 · 7	2 · 70	2 · 700	2 · 7 000	2 · 70 000
7 · 2	7 · 20	7 ·	7 ·	7 ·

3

24				
4 · 6	4 · 60	4 · 600	4 · 6 000	4 · 60 000
6 · 4	6 · 40	6 ·	6 ·	6 ·

4

2 · 3	2 · 30	2 · 300	2 · 3 000	2 · 30 000
3 · 2	3 ·	3 · 200	3 ·	3 ·

5

				320 000
8 · 4	8 · 40	8 · 400	8 · 4 000	8 · 40 000
4 · 8	4 ·	4 ·	4 ·	4 · 40 000

6

5 · 9	5 · 90	5 · 900	5 · 9 000	5 · 90 000
9 · 5	9 ·	9 ·	9 ·	9 ·

7

7 · 8	7 · 80	7 · 800	7 · 8 000	7 · 80 000
8 · 7	8 ·	8 ·	8 ·	8 ·

Ergebnis der Malaufgaben im Dach eintragen. Dann weitere Malaufgaben der Häuser als Umkehraufgaben ergänzen.
Die Aufgaben stützen sich gegenseitig. Es entstehen Muster.

„Einfache Divisionsaufgaben“

1

36	360	3 600	36 000	360 000
4 · 9	4 · 90	4 · 900	4 · 9000	4 · 90 000
6 · 6	6 · 60	6 ·	6 ·	6 ·
9 · 4	9 · 40	9 ·	9 ·	9 ·

2

49	490	4 900	49 000	490 000
7 · 7	9 · 70	7 ·	7 ·	7 ·

3

20	200	2 000	20 000	200 000
2 · 10	2 · 100	2 ·	2 ·	2 ·
4 · 5	4 ·	4 ·	4 ·	4 ·
5 · 4	5 ·	5 ·	5 ·	5 ·
10 · 2	10 ·	10 ·	10 ·	10 ·

4

16	160	1 600	16 000	160 000
2 ·	2 ·	2 ·	2 ·	2 ·
4 ·	4 ·	4 ·	4 ·	4 ·
8 ·	8 ·	8 ·	8 ·	8 ·

5

27	270	2 700	27 000	270 000
3 ·	3 ·	3 ·	3 ·	3 ·
9 ·	9 ·	9 ·	9 ·	9 ·

6

30	300	3 000	30 000	300 000
2 ·	2 ·	2 ·	2 ·	2 ·
3 ·	3 ·	3 ·	3 ·	3 ·
5 ·	5 ·	5 ·	5 ·	5 ·
6 ·	6 ·	6 ·	6 ·	6 ·

7

81	810	8 100	81 000	810 000
9 ·	9 ·	9 ·	9 ·	9 ·

Die Aufgaben stützen sich gegenseitig. Es entstehen Muster.

„Einfache Multiplikationsaufgaben“

1

·	8 000	2 000	
3	24 000	6 000	30 000

·	6 000	4 000	
7			…………

·	9 000	1 000	
5			…………

·	7 000	3 000	
6			…………

2

·	9 000	1 000	
9			…………

·	7 000	3 000	
4			…………

·	2 000	8 000	
2			…………

·	8 000	2 000	
8			…………

3

·	6 000	4 000	
3			…………

·	5 000	5 000	
7			…………

·	8 000	2 000	
5			…………

·	1 000	9 000	
6			…………

4

·	8 000	2 000	
4			…………

·	6 000	4 000	
8			…………

·	3 000	7 000	
9			…………

·	1 000	9 000	
2			…………

5

·	80 000	20 000	
7			…………

·	60 000	40 000	
9			…………

·	70 000	30 000	
8			…………

·	50 000	50 000	
6			…………

1–5 Zunächst in den Tabellen (Malkreuze) zwei Aufgaben des Tausender-Einmaleins rechnen. Zur Kontrolle auch Zeilensummen berechnen. Dies müssen in **1–4** immer ganze Zehntausender bzw. in **5** Hunderttausender sein.

⚡ „Einfache Multiplikationsaufgaben"

1

·	500	500	
3	1 500	1 500	3 000
7	3 500	3 500	7 000

·	500	500	
2	1 000		
8			

·	500	500	
4			
6			

2

·	800	200	
2			
8			

·	800	200	
3			
7			

·	800	200	
9			
1			

3

·	600	400	
6			
4			

·	600	400	
3			
7			

·	600	400	
2			
8			

4

·	700	300	
7			
3			

·	700	300	
6			
4			

·	700	300	
2			
8			

5

·	900	100	
9			
1			

·	900	100	
8			
2			

·	900	100	
6			
4			

6

·	800	200	
6			
4			

·	600	400	
9			
1			

·	700	300	
5			
5			

1–6 Zunächst in den Tabellen (Malkreuze) vier einfache Malaufgaben rechnen. Zur Kontrolle auch Zeilensummen berechnen. Diese müssen sich immer zu 10 000 ergänzen.

„Einfache Multiplikations- und Divisionsaufgaben“

1

Multiplikationsaufgabe	Umkehraufgaben	
7 · 400 = 2 800	2 800 : 7 = 400	2 800 : 400 = 7
8 · 900 = 7 200	7 200 : 8 =	7 200 : 900 =
6 · 700 =		
5 · 300 =		
9 · 800 =		

2

7 · 800 =		
8 · 600 =		
6 · 900 =		
5 · 800 =		
9 · 200 =		

3

7 · 700 =		
8 · 500 =		
6 · 600 =		
5 · 900 =		
9 · 400 =		

4

3 · 300 =		
4 · 700 =		
9 · 600 =		
8 · 400 =		
6 · 700 =		

5

4 · 900 =		
6 · 400 =		
7 · 900 =		
8 · 800 =		
9 · 500 =		

Die Aufgaben stützen sich gegenseitig.

ϟ „Einfache Multiplikations- und Divisionsaufgaben“

1

Multiplikationsaufgabe	Umkehraufgaben	
8 · 9 000 = 72 000	72 000 : 8 = 9 000	72 000 : 9 000 = 8
7 · 8 000 = 56 000	56 000 : 7 =	
6 · 9 000 =		
5 · 3 000 =		
4 · 6 000 =		

2

7 · 5 000 =		
8 · 3 000 =		
6 · 4 000 =		
5 · 9 000 =		
9 · 2 000 =		

3

7 · 6 000 =		
8 · 5 000 =		
6 · 6 000 =		
5 · 4 000 =		
9 · 7 000 =		

4

3 · 3 000 =		
4 · 9 000 =		
9 · 5 000 =		
8 · 7 000 =		
6 · 7 000 =		

5

4 · 8 000 =		
6 · 5 000 =		
7 · 3 000 =		
8 · 4 000 =		
9 · 6 000 =		

Die Aufgaben stützen sich gegenseitig.

„Einfache Multiplikations- und Divisionsaufgaben“

Hüpf im Päckchen. Rechne immer mit dem Ergebnis weiter.

1

3 000 : 6 = ...	2 000 : 40 = ...	8 · 4 000 = ...
7 000 : 10 = ...	400 · 30 = ...	3 200 : 8 = ...
350 : 5 = ...	24 000 : 6 = ...	160 : 4 = ...
500 · 7 = ...	50 · 800 = ...	32 000 : 2 = ...
700 : 2 = ...	40 000 : 100 = ...	40 · 80 = ...
3 500 · 2 = ...	12 000 · 2 = ...	16 000 : 100 = ...
Ziel 70	Ziel 4 000	Ziel 400

2

60 · 60 = ...	400 · 9 = ...	900 · 2 = ...
1 800 : 10 = ...	4 800 : 6 = ...	100 · 5 = ...
900 · 2 = ...	800 : 2 = ...	1 800 : 3 = ...
3 600 : 4 = ...	3 600 : 6 = ...	500 · 8 = ...
6 · 500 = ...	400 · 5 = ...	4 000 : 4 = ...
180 : 30 = ...	600 · 8 = ...	600 : 6 = ...
Ziel 3 000	Ziel 2 000	Ziel 1 000

3

8 · 7 000 = ...	9 · 200 = ...	20 · 50 = ...
4 · 600 = ...	600 : 6 = ...	8 000 : 10 = ...
28 000 : 100 = ...	7 000 : 100 = ...	1 000 · 8 = ...
2 400 : 6 = ...	1 800 : 3 = ...	7 200 : 2 = ...
280 : 70 = ...	100 · 70 = ...	3 600 : 6 = ...
56 000 : 2 = ...	70 · 7 = ...	800 · 9 = ...
Ziel 400	Ziel 490	Ziel 600

3

80 · 90 = ...	800 · 40 = ...	500 · 50 = ...
8 000 : 100 = ...	16 000 : 2 = ...	200 : 5 = ...
800 · 5 = ...	8 000 : 2 = ...	5 000 : 5 = ...
4 000 · 2 = ...	32 000 : 2 = ...	25 000 : 5 = ...
7 200 : 9 = ...	2 000 : 2 = ...	40 : 5 = ...
80 · 4 = ...	4 000 : 2 = ...	1 000 : 5 = ...
Ziel 320	Ziel 1 000	Ziel 8

Kontrolle in jeder Aufgabe.

ϟ „Einfache Multiplikations- und Divisionsaufgaben“

Hüpf im Päckchen. Rechne immer mit dem Ergebnis weiter.

1

900 · 90 = ...	10 000 · 10 = ...	90 · 50 = ...
90 : 3 = ...	25 000 : 5 = ...	9 · 7 = ...
10 · 5 = ...	100 000 : 2 = ...	6 300 : 7 = ...
810 : 9 = ...	5 000 : 5 = ...	4 500 : 100 = ...
30 : 3 = ...	50 000 : 2 = ...	63 · 100 = ...
81 000 : 100 = ...	1 000 : 10 = ...	45 : 5 = ...
Ziel ⇨ 50	Ziel ⇨ 100	Ziel ⇨ 900

2

3 000 · 2 = ...	5 · 500 = ...	900 · 7 = ...
200 · 5 = ...	7 200 : 90 = ...	350 : 7 = ...
24 000 : 30 = ...	50 · 8 = ...	63 000 : 90 = ...
1 000 : 2 = ...	3 600 · 2 = ...	50 · 8 = ...
6 000 · 4 = ...	2 500 : 50 = ...	6 300 · 10 = ...
800 : 4 = ...	400 · 9 = ...	700 : 2 = ...
Ziel ⇨ 500	Ziel ⇨ 80	Ziel ⇨ 400

3

32 000 : 4 = ...	5 000 · 7 = ...	100 000 : 2 = ...
280 : 7 = ...	140 · 2 = ...	3 500 : 5 = ...
400 · 7 = ...	7 · 200 = ...	5 000 : 10 = ...
16 000 : 40 = ...	280 : 4 = ...	25 000 : 5 = ...
2 800 : 10 = ...	35 000 : 5 000 = ...	500 · 7 = ...
8 000 · 2 = ...	1 400 : 10 = ...	50 000 : 2 = ...
Ziel ⇨ 40	Ziel ⇨ 70	Ziel ⇨ 700

4

120 000 : 2 = ...	70 · 8 = ...	5 000 · 2 = ...
3 000 : 6 = ...	400 · 9 = ...	1 000 : 5 = ...
5 000 : 5 = ...	900 : 3 = ...	16 000 : 8 = ...
60 000 : 3 = ...	80 · 5 = ...	60 000 : 60 = ...
1 000 · 3 = ...	3 600 : 4 = ...	200 · 80 = ...
20 000 : 4 = ...	560 : 7 = ...	10 000 · 6 = ...
Ziel ⇨ 500	Ziel ⇨ 300	Ziel ⇨ 2 000

 Kontrolle in jeder Aufgabe.